SITZUNGSBERICHTE DER SÄCHSISCHEN AKADEMIE
DER WISSENSCHAFTEN ZU LEIPZIG

Mathematisch-naturwissenschaftliche Klasse
Band 112 · Heft 6

ERICH RAMMLER

ZWEI JAHRZEHNTE ENTWICKLUNG DES EINSATZES DER ENERGIETRÄGER KOHLE UND ERDÖL IM WELTMASSSTAB

AKADEMIE-VERLAG · BERLIN

1977

SITZUNGSBERICHTE DER SÄCHSISCHEN AKADEMIE
DER WISSENSCHAFTEN ZU LEIPZIG

Mathematisch-naturwissenschaftliche Klasse
Band 112 · Heft 6

ERICH RAMMLER

ZWEI JAHRZEHNTE ENTWICKLUNG DES EINSATZES DER ENERGIETRÄGER KOHLE UND ERDÖL IM WELTMASSSTAB

Mit 6 Abbildungen und 4 Tabellen

AKADEMIE-VERLAG · BERLIN
1977

Vorgetragen in der Sitzung am 21. Mai 1976
Manuskript eingereicht am 14. Juli 1976
Druckfertig erklärt am 4. März 1977

Erschienen im Akademie-Verlag, 108 Berlin, Leipziger Str. 3—4

Lizenznummer: 202 · 100/459/77
Gesamtherstellung: VEB Druckhaus „Maxim Gorki", 74 Altenburg
Bestellnummer: 762 460 3 (2027/112/6) · LSV 3105
Printed in GDR
DDR 4,— M

Zu Beginn der 50er Jahre schrieb der bedeutende englische Physiker Charles Galton Darwin, Enkel des weltberühmten Biologen Charles Robert Darwin, ein Buch mit dem Titel „Die nächste Million Jahre" und mit dem Untertitel „Ein Ausblick auf die künftige Entwicklung der Menschheit" [1]. Nachdem er 4 „Revolutionen" genannt hat, die in den letzten 20000 Jahren sich bei der Entwicklung des Species Homo Sapiens vollzogen haben — nämlich die Entdeckung des Feuers, die Erfindung des Ackerbaus, die Entwicklung des Lebens in Städten und die wissenschaftlich-technische Revolution — stellt er die Frage, ob der Menschheit nicht noch weitere Revolutionen bevorstehen.

Lassen wir ihn selbst auf diese Frage antworten: „Eine Revolution ist so gut wie sicher. Die 5. Revolution wird dann kommen, wenn wir die Vorräte an Kohle und Erdöl verbraucht haben werden, die sich im Laufe von Hunderten von Millionen Jahren in der Erde angesammelt haben. ... Man muß hoffen, daß vorher andere Energiequellen entwickelt sein werden. Es ist klar, daß das eine große Veränderung der Lebensweise herbeiführen wird. Man kann diesen Wandel mit guten Gründen eine Revolution nennen" [1a].

Darwin erwähnt nur die beiden wichtigsten fossilen Energieträger Kohle und Erdöl, er nennt nicht den dritten, das Erdgas, dessen großer Aufschwung wenige Jahre nach dem Erscheinen seines Buches begann. Die Kernspaltbrennstoffe Uran und Thorium behandelt Darwin noch mit offensichtlicher Skepsis. Er taxiert die gewinnbare Energie aus dieser 4. Gruppe der extraktiv aus der Erde gewinnbaren Energieträger als „ganz ungefähr ebensoviel, wie man bisher aus der Kohle bezogen hat und künftig noch beziehen kann" [1b].

Nach Darwins Buch sind verschiedene futurologische Schriften erschienen, die sich mit den „Grenzen des Wachstums" befassen, wie z. B. 1971 die Veröffentlichung World dynamics des Amerikaners Forrester, deren in der BRD erschienene Übersetzung den Titel „Der teuflische Regelkreis" trägt [2]. Für die Globalmodelle dieser Arbeit ist z. B. angenommen, daß beim jetzigen Verbrauchstempo die Rohstoffreserven, darunter auch die

Reserven an den bislang maßgebenden Energieträgern, nur noch allenfalls 250 Jahre reichen werden.

Es ist nicht meine Absicht, mich auf dem noch recht schlüpfrigen Boden dieser futuristischen Schriften zu bewegen. Die vorstehende Einleitung sollte lediglich unterstreichen, daß die Energieproblematik einer der wichtigsten Faktoren künftiger Menschheitsentwickung sein wird. Was ich in diesem Vortrag zu tun beabsichtige, ist nur, einen Rückblick auf die Entwicklung dieser Energieproblematik in den letzten 20 bis 25 Jahren, also über eine ganz bescheidene Zeitdauer hinweg zu geben. Aber diese kurze Zeitspanne gebar dramatische Ereignisse. In ihr entbrannte der Kampf zwischen den Energieträgern Kohle und Erdöl. Er brachte das Erdöl auf Kosten der Steinkohle an die Spitze der Energieträgerreihe. Aber am Ende dieses Ringens standen für den kapitalistischen Weltanteil Verknappungserscheinungen und Energieverteuerung. Diese Zeit von $^1/_4$ dieses Jahrhunderts sah am Anfang unbegrenzten Optimismus über lange währenden Einsatz des billigen Edelenergieträgers Erdöl und er endete im kapitalistischen Sektor der Weltwirtschaft mit dem traurigen Schlagwort „Energiekrise".

Einige von uns werden sich aus ihrer frühen Kindheit noch des ersten Jahrzehnts dieses Jahrhunderts erinnern oder es wird ihnen von ihren Eltern noch erzählt worden sein, wie damals Tankwagen — geschmückt mit dem Bild eines einen Tomahawk schwingenden Indianers — durch die Straßen unserer Städte und größeren Dörfer fuhren und ihre kleinen Viktualiengeschäfte mit Petroleum belieferten, das literweise von den Kunden für ihre Petroleumlampen gekauft wurde. Noch erinnere ich mich der Atmosphäre, die diese Läden füllte: ein Gemisch von Gerüchen von Gemüse und Obst mit Düften, die aus Salzgurken-, Sauerkraut- und Heringstonnen aufstiegen, das gewürzt wurde durch den typischen Ölgeruch des Petroleumbehälters. Seitdem durch die Pionierbohrung in Titusville um 1860 die industrielle Gewinnung von Erdöl eingesetzt hatte, war die Beleuchtung das Hauptabsatzgebiet des Erdöls gewesen. Jedoch seit etwa der Jahrhundertwende wurde dieses Einsatzfeld zunehmend durch Auers Gasglühlicht umkämpft, und der Einsatz des elektrischen Lichtes in den Haushalten war nahe.

Aber nun entwickelte sich ein Einsatzgebiet, das dem Erdöl auf den Leib geschrieben war. Ingenieure wie OTTO, DIESEL, BENZ gehörten zu den Erfindern, die den Destillaten des Erdöls die rapide wachsende Nutzung im Kraftfahrzeug eröffneten. Die Kraftstofferzeugung wurde das unbestreitbare Hauptgebiet der Erdölverwendung. Dem Einsatz im Straßenfahrzeug gesellte sich nach 1914 in steiler Entwicklung der Bedarf an hochwertigen Flugkraftstoffen hinzu. Die wachsende Technisierung der Landwirtschaft, am energischsten in der Sowjetunion betrieben, schuf ein neues Einsatzgebiet für Traktoren. Das Nebenprodukt der Erdöldestillation, das Bitumen, fand für die rasche Entwicklung des Straßennetzes der Welt guten Absatz. Der neben den Hauptprodukten Benzin (Otto-Kraftstoff) und Dieselöl anfallende restliche flüssige Teil des Erdöls, das Heizöl, wurde zu verschiedenen feuerungstechnischen Zwecken verwendet, ohne daß zunächst der Anstieg des Kohlenabsatzes dadurch nennenswert geschmälert wurde. Andere Nebenprodukte wie Schmierstoffe und Raffineriegase fanden schnell ihr Einsatzgebiet.

Noch zur Jahrhundertwende betrug der Anteil der Kohle am Primärenergiebedarf der Welt 95% [3]. Das Erdöl war noch ein bescheidener Mit-

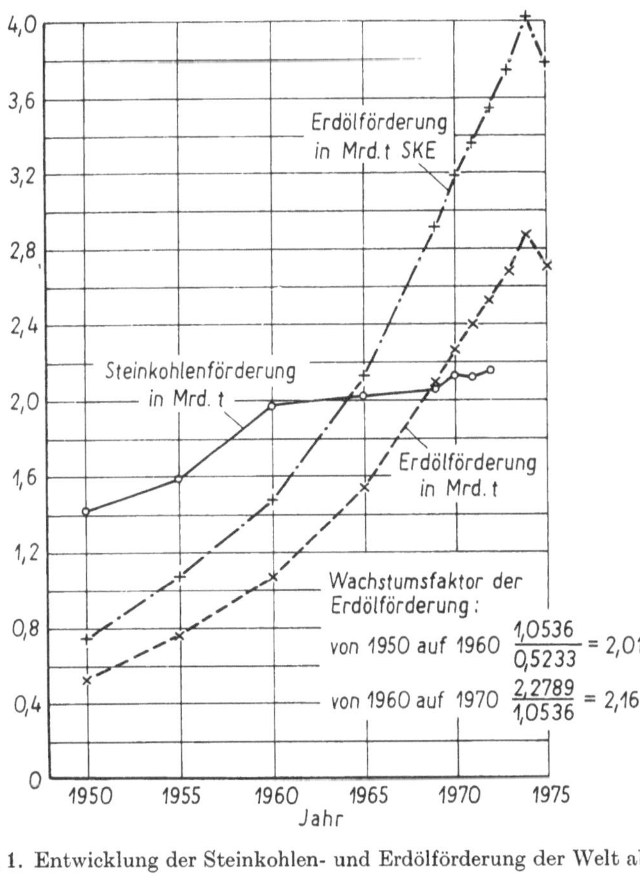

Abb. 1. Entwicklung der Steinkohlen- und Erdölförderung der Welt ab 1950

läufer. 50 Jahre später (1950) war, wie Abb. 1 zeigt, die Erdölförderung der Welt auf 0,55 Mrd. t gestiegen, betrug aber noch weniger als 40% der Weltsteinkohlenförderung von 1,4 Mrd. t.

In der zweiten Hälfte der 50er Jahre brach nun eine Woge von Erdöl — gefolgt von einer Woge von Erdgas — in die Industriestaaten der Welt ein. Es war das erste dramatische Geschehen im Wettbewerb zwischen Kohle und Erdöl. Es wurde begleitet von einem Abfall des Ölpreises bis auf 60%. ARNOLD deutet diese Vorgänge heute wie folgt [4]: „Als die 1. Internationale Atomenergiekonferenz im August 1955 in Genf die Hoffnung auf ein rasches Vordringen der Kernenergie auslöste, war dies maßgebend für die ölproduzierenden Länder und die ölgewinnenden Gesellschaften, ihre nachgewiesenen und vermuteten Ölreserven möglichst rasch zu valorisieren, um nicht durch einen neuen Energieträger überrundet zu werden." Wenn diese Deutung richtig ist, so wäre es also ein „Schock" der Erdölproduzenten und Erdölgesellschaften gewesen, der jene für den Steinkohlenbergbau so verhängnisvolle Entwicklung hohen Erdölangebotes bei herabgesetzten Preisen hervorgerufen hätte. Aber wäre den multinationalen Erdölgesellschaften, den sogenannten „sieben Schwestern", nicht auch zuzutrauen, daß sie unter bewußter vorübergehender Einschränkung ihrer Gewinne das Erdölangebot erhöht hätten, um den noch immer überlegenen Energieträger Kohle zur Produktionseinschränkung zu zwingen und damit trotz des Eintritts der Kernenergie in den Kreis der maßgeblichen Energieträger den Erdölabsatz zu steigern?

In den Jahren 1955 bis 1960 war freilich der Anstieg des Primärenergiebedarfes in der Weltwirtschaft noch so hoch, daß das vermehrte Erdölangebot aufgenommen wurde, ohne daß das Wachstum der Kohleförderung merklich eingeschränkt wurde. Die Kurven von Erdöl- und Kohleförderung verlaufen nach Abb. 1 noch annähernd parallel. Aber dann macht sich unter den Bedingungen der „freien Marktwirtschaft" die wachsende Euphorie der Verbraucher gegenüber dem reichlichen und billigen Erdölangebot plötzlich in Umstellungen von Steinkohle auf Erdöl bemerkbar. Die Entwicklungskurve der Steinkohlenförderung wurde kraß abgeknickt, sie stieg nur noch ganz flach an, nämlich von 1,97 auf 2,13 Mrd. t im Jahrzehnt von 1960 bis 1970. Hingegen wuchs die Erdölförderung ab 1960 rasant an.

Ein exakter Vergleich der Bedeutung von Steinkohlen- und Erdölförderung ist nur möglich, wenn man den Heizwertunterschied berücksichtigt, d. h. 1 t Erdöl gleich 1,4 t SKE (Steinkohleneinheiten) setzt. In Abb. 1 wurde daher zusätzlich die Erdölförderung in Mrd. t SKE je Jahr eingetragen. Bereits 1964 hatte hiernach die Erdölförderung den kalorischen Gleichstand mit der Steinkohlenförderung erreicht. Von da an spielt das

Erdöl die erste Geige im Konzert der Primärenergieträger. Im Jahre 1969 überstieg die Erdölförderung auch tonnenmäßig die Kohleförderung bei etwas mehr als 2 Mrd. t. Die Erdölförderung wuchs weiter auf 2,53 Mrd. t, entsprechend 3,5 Mrd. t SKE in 1972, während sich die Steinkohleförderung nur auf 2,15 Mrd. t SKE erhöhte. Ein Schauspiel fulminanter Entwicklung des Bergbauzweiges Erdöl und eines gleichzeitig mehr oder weniger unerwarteten Niederganges des hochangesehenen Bergbauzweiges Steinkohle, der die industrielle Revolution des vorigen Jahrhunderts ermöglicht und getragen hatte, hat sich mit diesem Wandel von der Vorherrschaft der festen zur Prädominanz des flüssigen Brennstoffs vor unseren Augen in wenig mehr als einem Jahrzehnt vollzogen. Im Jahre 1973 betrug der Anteil der Kohle (einschließlich Braunkohle) nur noch 33% der Primärenergiebilanz der Welt, während sich der Anteil von Erdöl und Erdgas auf nahezu 65% erhöhte [3].

In Tabelle 1 sind für wichtige Steinkohlenländer der Erde die Förderzahlen für 1960 und 1970 und ihre Ab- und Zunahme in dieser Zeitspanne, einmal absolut in Mill. t und zum anderen prozentual bezogen auf die

Tabelle 1
Entwicklung der Steinkohlenförderung in wichtigen Steinkohlenländern von 1960 bis 1970

Land	Förderung in Mill. t 1960	Förderung in Mill. t 1970	Zunahme von 1960 bis 1970 in Mill. t	Abnahme von 1960 bis 1970 in Mill. t	Zunahme in % der Förderung 1960	Abnahme in % der Förderung 1960
USA	391,6	541,6	150,0	—	+38,3	—
UdSSR	355,9	432,7	76,8	—	+21,0	—
China		360,0	nicht berechenbar		—	—
Großbritannien	196,7	144,6	—	52,1	—	−26,5
Polen	104,4	140,1	35,7	—	+34,2	—
BRD	142,3	111,3	—	31,0	—	−21,4
Indien	52,6	73,1	20,5	—	+39,0	—
Südafrika	38,2	45,6	7,4	—	+19,4	—
Australien	21,9	49,5	27,6	—	+126,0	—
Japan	51,1	39,7	—	11,4	—	−22,3
Frankreich	56,0	37,4	—	18,6	—	−33,2
CSSR	26,4	28,2	1,8	—	+6,8	—
Belgien	22,5	11,4	—	11,1	—	−49,3
Niederlande	12,5	4,3	—	8,2	—	−65,6
DDR	2,7	1,0	—	1,7	—	−62,9

Förderung von 1960, ersichtlich. Hiernach gibt es zwei Gruppen, nämlich eine Gruppe von Ländern, in denen eine mehr oder minder große Einschränkung der Steinkohlenförderung stattgefunden hat — nämlich Großbritannien, Bundesrepublik Deutschland, Japan, Frankreich, Belgien, Niederlande — und eine Gruppe von Ländern, in denen auch von 1960 bis 1970 die Steinkohlenförderung absolut zunahm, wenn sie meist auch im prozentualen Anteil sich verminderte — nämlich USA, UdSSR, Polen, Tschechoslowakei, Indien, Südafrika und Australien. Die Förderungsabnahmen in der ersten Gruppe zehrten nicht ganz die Förderzunahmen in der zweiten Gruppe auf, so daß aus der Differenz sich jene leichte Zunahme der Steinkohlenförderung zwischen 1960 und 1970 ergibt, die aus Abb. 1 ersichtlich ist. Die Abnahmen der Förderung in der ersten Gruppe betragen zwischen 21 und 26% bei der BRD, Japan und Großbritannien und gingen auf 49 bis 66% bei Belgien und den Niederlanden herauf.

Die beiden wichtigsten Steinkohlenstaaten, die USA und die UdSSR, deren Steinkohlenförderung zwischen 1960 und 1970 noch um 38 bzw. 21% zunahm (Abb. 2), sind bemerkenswerter Weise gleichzeitig die beiden größten Erdölproduzenten unseres Planeten. Ihre Förderung an Steinkohle erreichte 1973 535 bzw. 451 Mill. t. Für China, das in der Steinkohlenförderung den dritten Rang in der Welt einnimmt und 1972 rd. 400 Mill. t gewann, kann leider mangels sicherer statistischer Unterlagen die Förderungsänderung nicht errechnet werden. Großbritannien, einst die bedeutendste Steinkohlengroßmacht der Erde, schränkte seine Förderung von 197 Mill. t im Jahre 1960 auf 145 Mill. t im Jahre 1970, also um 26,5% ein. Es war aber bereits von 1955 bis 1960 ein Förderrückgang von 225 auf 197 Mill. t zu verzeichnen, insgesamt sank die Förderung um 35,8% des Wertes von 1955. Die Förderung in der BRD fiel zwischen 1960 und 1970 von 142 auf 111 Mill. t, also um 21,4%, sank aber bis 1973 weiter bis auf 97 Mill. t, also insgesamt um 32%. Hingegen erhöhte sich die Steinkohlenförderung Polens im betrachteten Zeitraum von 104 auf 140 Mill. t, also um nicht weniger als 34%. Inzwischen hat sie mit 170 Mill. t im Jahre 1975 auch die Großbritanniens überholt [5]. Das sozialistische Land Polen nimmt nunmehr die 4. Stelle in der Liste der Steinkohlenförderländer der Welt ein. Polen hat diesen Aufstieg durch eine weitgehende Automatisierung der Steinkohlengewinnung, systematisch und zähe strebend, erreicht. Nächst den USA steht es an zweiter Stelle der Steinkohlenexportstaaten. Wir haben somit die Abdankung zweier Steinkohlengroßmächte — Großbritannien und BRD erlebt. Wie die anderen Industriestaaten Westeuropas warfen sie sich dem immer reichlicher und zu immer günstigeren Preisen sich anbietenden Edelenergieträger Erdöl sozusagen mit Wohlbehagen in die Arme.

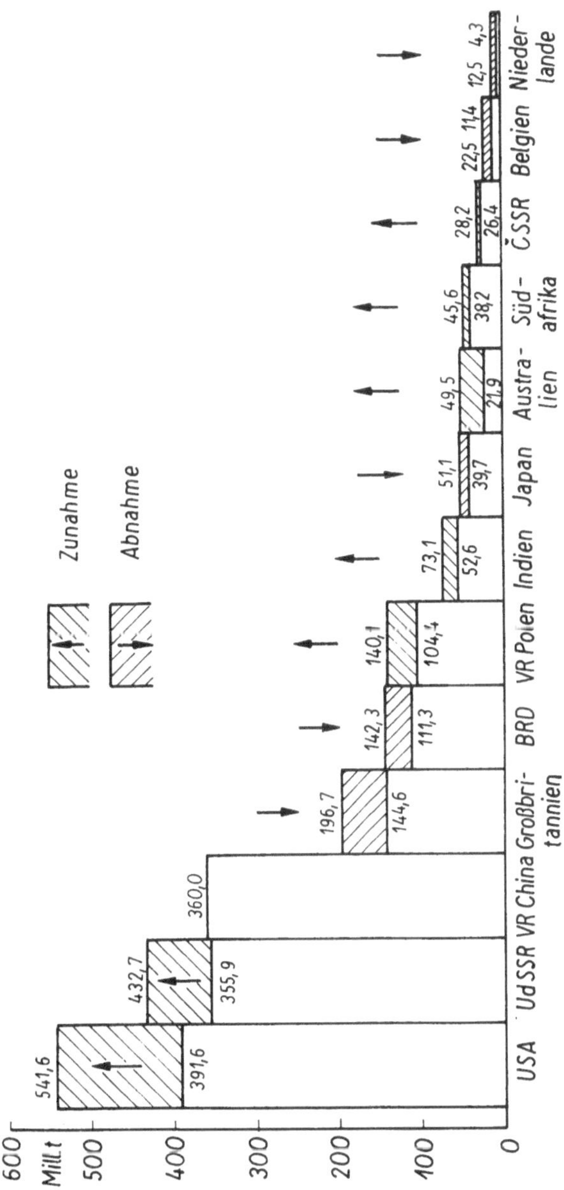

Abb. 2. Zu- bzw. Abnahme der Steinkohlenförderung 1970 gegen 1960 in wichtigen Förderländern

Lassen Sie mich hier einen Passus aus einem von HOFMANN und mir verfaßten Aufsatz zitieren, der unter dem Titel „Zur Zukunft der festen Brennstoffe“ im Jahre 1966 in der Zeitschrift „Bergbautechnik“ erschien [6].

„In einigen Ländern, wie in Westdeutschland, spricht man nur noch mit stillem Beileid von den in der Kohle Tätigen. Eine schrankenlose freie, nur am Gewinn orientierte Wirtschaft hat in diesen Ländern Westeuropas zu Schrumpfungserscheinungen in der Kohleförderung geführt, deren Folgen sich noch in diesem Jahrhundert erweisen werden. Die faszinierende Erscheinung der großen Woge von Erdöl und Erdgas, die seit 10 Jahren immer mehr anschwellend die Industriestaaten der Erde überflutet, hat zusammen mit der erfreulichen Entwicklung der Energiegewinnung durch Kernspaltung die Klarheit des Denkens in die Zukunft geschwächt.“

Weiterhin schrieben wir im genannten Aufsatz: „Sehen wir uns in der Welt um, so könnte leicht der Gedanke aufkommen, daß Energie im Überfluß bereit stehe, wenn auch dieser Überfluß nicht gleichmäßig verteilt ist. Täuschen wir uns aber nicht. Die künftigen Energieansprüche der sich rasch entwickelnden Länder Asiens, Südamerikas und Afrikas sind nicht zu übersehen. Sie werden nicht nur einen erhöhten Anteil an ihrer eigenen Produktion an Energieträgern in Anspruch nehmen, es ist vielmehr ein weltweiter scharfer Wettbewerb um Energieimporte wahrscheinlich. Es werden in Ländern, wie in denen des Nahen Ostens, für die die Erdölförderung Basis ihres nationalen Wohlstandes ist, Bestrebungen auftreten, die Erdölförderung zu kontingentieren, damit dieser Wohlstand nicht zu rasch verfliege.“

In der Tat — im Herbst 1973 sahen sich die kapitalistischen Länder einer ersten „Erdölkrise“ durch Lieferkontingentierungen der OPEC mit Abstrichen bis zu 25% der bisherigen Bezugsgröße gegenüberstehen. Sie entstand noch nicht aus dem im eben zitierten Aufsatz erwähnten Motiv, die eigenen Erdölreserven zu schonen, sie erwuchs vielmehr daraus, daß das Erdöl von einer Völkergruppe, deren Länder insgesamt eine erstrangige Bedeutung in der Erdölgewinnung und im Erdölexport haben, erstmalig als Waffe in der hohen Politik, nämlich in der Auseinandersetzung mit Israel eingesetzt wurde, um kapitalistische Staaten an Beschlüsse der UNO zu erinnern, die sie in praxi mehr oder weniger mißachteten.

Sehen wir uns nun die Verteilung der Erdölförderung an, um die Bedeutung der Staaten Arabiens (einschließlich Irak) und der Staaten Nordafrikas, um die es hier geht, an der Erdölförderung der Welt abzustecken. Aus Abb. 3 ist ersichtlich, daß diese Staaten im Jahre 1973 insgesamt 870 Mill. t Erdöl förderten, entsprechend 32,2% der Gesamtförderung der Welt von 2,7 Mrd. t. Hiervon entfielen auf die arabischen Staaten Saudi-

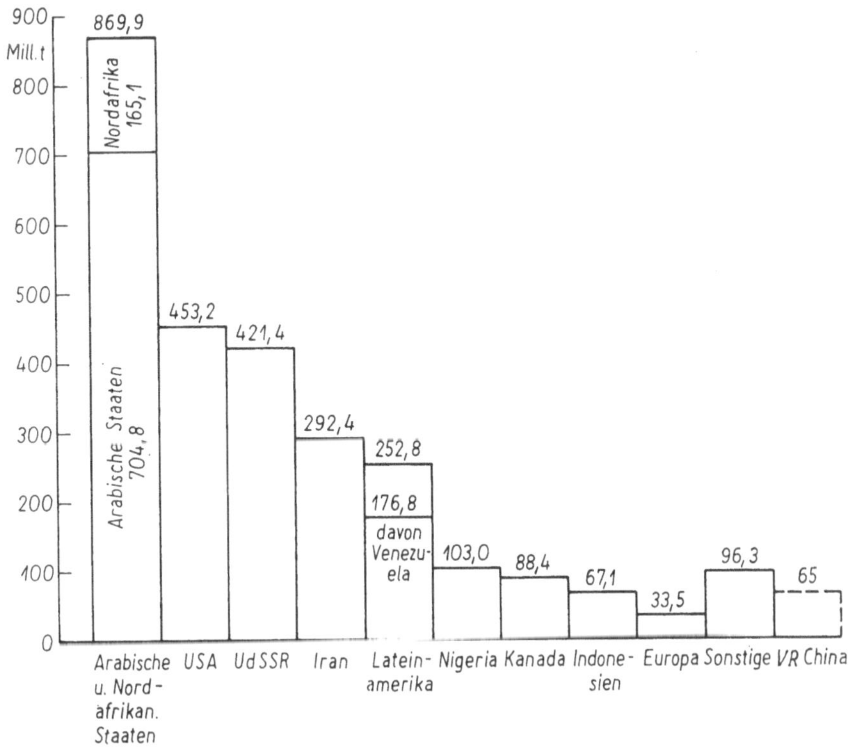

Abb. 3. Verteilung der Erdölförderung der Welt im Jahre 1973

Arabien, Kuweit, Irak, Abu Dhabi, Katar, Maskat, Oman, Neutrale Zone 705 Mill. t = 26,1% der Weltförderung und auf die afrikanischen Staaten Lybien, Algerien und Ägypten 165 Mill. t = 6,1% der Weltförderung. Die genannten Staaten haben sich in der OPEC (d. i. Organisation of Petroleum Exporting Countries) zusammengeschlossen. Die größte Förderkapazität unter ihnen hat Saudi-Arabien. Es förderte 1973 364 Mill. t und ist der größte Erdölexporteur der Welt. Am Persischen Golf liegt weiterhin das alte Erdölland Iran, das sich seit 1950 von einer bei etwa 32 Mill. t betragenden Produktion auf eine solche von 293 Mill. t im Jahre 1973 aufgeschwungen hat. Auch der Iran ist ein maßgebendes Mitglied der OPEC. Dieser seit 1960 bestehende Erdölexportverband, dem z. B. auch Venezuela, Nigeria und Indonesien beigetreten sind, kontrollierte 1973 eine Förderung von 1500 Mill. t oder rd. 55% der Welterdölförderung, stellt also eine große Macht im Welterdölgeschäft dar, und diese Macht setzte er 1973 erstmalig auf politischer Ebene ein, wie wir eben sahen.

Die beiden Einzelstaaten mit den größten Förderziffern an Erdöl sind die USA mit 453 Mill. t im Jahre 1973, entsprechend 16,8% der Weltproduktion, und die UdSSR mit 421 Mill. t im gleichen Jahr, entsprechend 15,6% der Welterzeugung. Die USA und die UdSSR sind die beiden Erdölgroßmächte der Welt, erreichten aber zusammen nicht die Erdölförderung der OPEC-Kernländer um den Persischen Golf und in Nordafrika. Die Versorgungslage bei den beiden Ölgroßmächten ist verschieden. Der enorme Erdölverbrauch der USA — man kann hier wohl von verschwenderischem Verbrauch sprechen — hat sie zu einem Importland großen Stiles gemacht, war er doch bis auf 750 Mill. t je Jahr gestiegen, wovon mehr als $^1/_3$ jährlich importiert werden mußten. Die USA waren damit nicht nur der Staat mit der größten Eigenerzeugung an Erdöl, sondern zeitweise auch das Land mit dem größten Erdölimport. In den USA wurde von einer herannahenden Energiekrise schon seit 1971 gesprochen [7]. Mehrfach fehlten bis zu mehr als 5% in der Versorgung mit Vergaser- und Dieselkraftstoffen. Die wachsenden Importschwierigkeiten durch den Kontingentierungsbeschluß der Erdölminister der OPEC-Staaten vom Herbst 1973 verstärkten zeitweise die Versorgungsschwierigkeiten an den amerikanischen Tankstellen. Ein Geschichtchen, das in verschiedenen Fassungen durch die Zeitungen ging, zeigt anschaulich, daß der Amerikaner — gewohnt mit Energie verschwenderisch umzugehen — den Verknappungserscheinungen fassungslos gegenüberstand. Ein amerikanischer Bürger weilte am Wochenende auf dem Lande. Er hatte am Freitag getankt und verlangte am Sonnabend wiederum Kraftstoff an der gleichen Tankstelle. Als der Tankwart ihm bedeutete, daß er ihm allenfalls nur eine ganz kleine Menge Benzin geben könnte, ergriff der Kunde sein Jagdgewehr und schoß den Tankwart nieder. Aus der Mentalität heraus, daß Benzin ebenso wie Wasser sebstverständlich jeder Zeit da sei, hatte er die Weigerung des Tankwarts als unerhört freche Schikane aufgefaßt. Es ist bezeichnend, daß der vorige Präsident der USA den amerikanischen Bürgern vor Augen führen mußte, daß die USA an der Weltbevölkerung 6% Anteil habe, aber mehr als 30% des Primärenenergieaufkommens der Welt verbauche. Ihren Erdölimportbedarf haben die USA — in Berücksichtigung strategischer Erwägungen — vor allem aus benachbarten Ländern, wie Kanada und Venezuela, zu decken versucht. Neuerdings kam das junge afrikanische Erdölland Nigeria dazu.

Im Gegensatz zu den USA ist die UdSSR Selbstversorger und Exporteur von Erdöl, wenn man von verhältnismäßig geringen Importen aus dem Iran absieht. In den letzten Jahren haben sich sowohl im Steinkohlenbergbau wie in der Erdölgewinnung die Förderzahlen der UdSSR denen der USA immer mehr genähert. Die Steinkohlenförderung der USA betrug 523 Mill. t im Jahre 1973, die der UdSSR im gleichen Jahre 461 Mill. t. Berücksichtigt man aber, daß die UdSSR 1973 zusätzlich 153 Mill. t Braunkohle, die USA jedoch nur 13 Mill. t Braunkohle förderte, so lag die tonnenmäßige Gesamtkohlenförderung der UdSSR mit 614 Mill. t 1973 beachtlich über der der USA mit 536 Mill. t. Die Erdölförderung der USA sank von 467 Mill. t im Jahre 1972 auf 453 Mill. t im Jahre 1973, die der UdSSR stieg von 394 Mill. t im Jahre 1972 auf 421 Mill. t im Jahre 1973. Kürzlich sind die wenn auch noch nicht ganz exakten Zahlen für 1975 bekannt geworden. Sie lauten auf 490 Mill. t Erdöl für die UdSSR und 469 Mill. t für die USA [8]. Seit vorigem Jahr ist somit der führende Staat des sozialistischen Teils der Welt die Spitzenmacht in der Gewinnung jedes der beiden wichtigsten fossilen Energieträger Erdöl und Kohle.

In Abb. 4 ist die zeitliche Entwicklung der Erdölgewinnung in den wichtigsten Förderländern von 1950 an dargestellt. Es fällt sofort ins Auge, daß 1950 die Erdölgewinnung der USA noch turmhoch über der aller anderen Länder stand. Die Grenze des Wachstums wurde 1970 erreicht, seitdem ist Stillstand bzw. leichtes Absinken festzustellen. Sehr eindrucksvoll tritt im Bild die gewaltige Entwicklung der Erdölförderung der Sowjetunion von 38 Mill. t im Jahre 1950 auf 421 Mill. t, also mehr als das 11fache, im Jahre 1973 hervor. Ähnlich steil wie in der UdSSR, wenn auch nicht so gleichmäßig, vollzog sich der Anstieg der Erdölförderung in Saudi-Arabien und im Iran, die mit 364 und 293 Mill. t im Jahre 1973 an der 3. und 4. Stelle im Weltmaßstab stehen. Venezuela, das noch 1950 das zweitwichtigste Erdölförderland der Welt war, steht nunmehr an 5. Stelle mit 176 Mill. t im Jahre 1973. An 6. Stelle folgte bis 1972 wieder ein Nahost-Staat, nämlich das kleinflächige Kuweit, von dem gesagt wurde, daß es auf einem unterirdischen Ölsee schwimme. Seine Erdölförderung erreichte 1972 mit 151 Mill. t das Maximum und fiel auf 138 Mill. t im Jahre 1973 zurück. Überraschungen von einer Größe, wie sie, abgesehen vom Erdgas, in keinem anderen Bergbauzweig möglich sind, bot der fulminante Anstieg der Erdölförderung zweier afrikanischer Staaten. Die Förderung in Lybien stieg von 0 im Jahre 1960 auf 162 Mill. t im Jahre 1970, sank dann allerdings auf 105 Mill. t im Jahre 1973 zurück. Mögen verschiedene Anlässe zu diesem Förderabfall, der sich inzwischen weiter fortgesetzt hat, beigetragen haben, so ist jedenfalls erwähnenswert, daß Lybiens Regierungschef als erster der Führer der arabischen Völkergruppe aussprach, daß für die Größe der Erdölgewinnung lediglich die Zukunftsinteressen seines Landes und Volkes maßgebend sein dürften. Ein junges Erdölförderland ist Nigeria, dessen Produktion von 0,8 Mill. t im Jahre 1960 sich auf 103 Mill. t im Jahre 1973 erhöhte. Mit diesem an 8. Stelle stehenden Staat ist die Liste der Länder mit Jahresförderungen über 100 Mill. t nach dem Stande von 1973 erschöpft.

Alle übrigen Länder, die Erdöl gewinnen, haben wesentlich kleinere

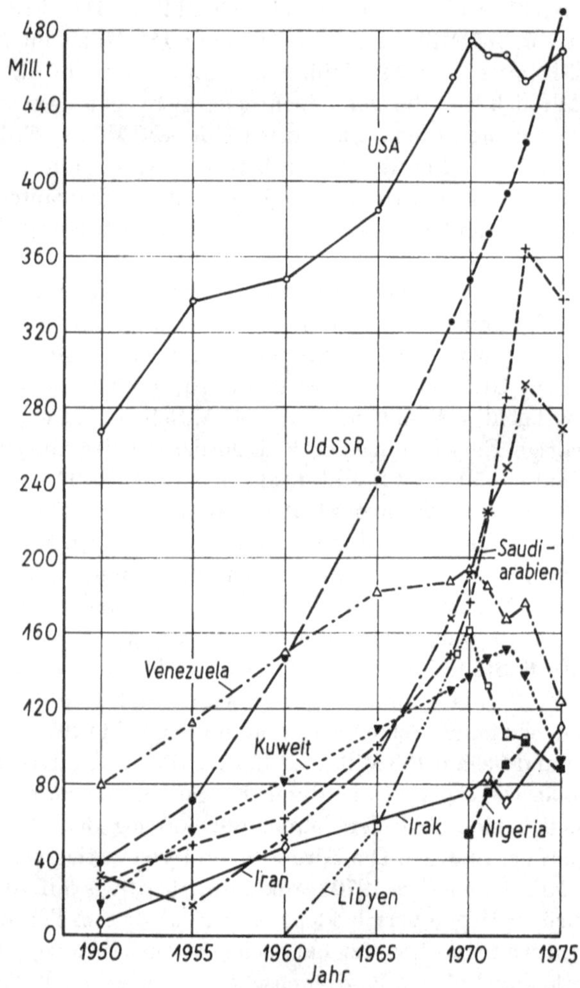

Abb. 4. Entwicklung der Erdölförderung in den Ländern mit über 100 Mill. t Jahresförderung

Förderziffern. So betrug die Eigenförderung Europas (ohne den UdSSR-Anteil) im Jahre 1972 rd. 34 Mill. t, wovon 59% auf die sozialistischen und 41% auf die kapitalistischen Länder entfielen (Tabelle 2). Die Länder mit der größten Eigenförderung sind die Sozialistische Republik Rumänien (14,1 Mill. t) und die BRD (7,1 Mill. t). Insgesamt macht die Förderung

Tabelle 2
Erdölförderung Europas in den Jahren 1972 und 1973

Sozialisische Länder	1972 (Mill. t)	1973 (Mill. t)	Kapitalistische Länder	1972 (Mill. t)	1973 (Mill. t)
Rumänien	14,13	14,29	BRD	7,10	6,64
Jugoslawien	3,20	3,40	Österreich	2,48	2,58
Ungarn	1,98	1,99	Niederlande	1,60	1,49
Polen	0,35	0,39	Frankreich	1,48	1,26
CSSR	0,19	0,17	Italien	1,15	1,04
Bulgarien	0,25	0,19	Großbritannien	0,08	
Σ	20,19	20,34		13,89	13,01

Europa (ohne UdSSR) 1972: 33,99 Mill. t, 1973: 33,35 Mill. t
Norwegen förderte 1975: 9,4 Mill. t (größte Förderung in den kapitalistischen Ländern Westeuropas)
Gesamtförderung Westeuropas 1975: rd. 24 Mill. t

Europas an Erdöl nur 1,2 bis 1,3% der Welterdölförderung aus. Die Zahlen für 1973 unterscheiden sich nur unbedeutend von denen für 1972. Die neu entdeckten Erdölvorkommen im Bereich der Nordsee beginnen erst jetzt zu Buch zu schlagen. Sie werden Großbritannien und Norwegen, bislang Habenichtse im Erdölsektor, an die Spitze der Erdölförderung in Europa bringen. Abb. 5 zeigt die Lage dieser Erdöl- und Erdgasvorkommen in der Nordsee-Provinz [9]. Im Jahre 1975 trat bereits Norwegen mit einer Förderung von 9,4 Mill t. an die Spitze der westeuropäischen Länder.

In den 96,3 Mill. t, die unter „Sonstige" in Abb. 3 aufgeführt sind, ist die Ölförderung Chinas eingeschlossen. Sie wird zu 65 Mill. t eingeschätzt, und man erwartet, daß China in Bälde zu den Staaten mit über 100 Mill. t Ölförderung gehören wird.

Der Drang nach dem Edelenergieträger Erdöl in den Industriestaaten einerseits, die Diskrepanz in der geographischen Lage der Erdölüberschuß-

und Erdölbedarfsländer andererseits haben zu einer Abhängigkeit der Energieversorgung dieser letzteren von den Erdölexportländern von hohem Grade geführt. Sie tritt am augenfälligsten bei jenen Staaten, die in der Höhe der industriellen Produktion den beiden größten Wirtschaftsmächten USA und UdSSR unmittelbar folgen, nämlich bei Japan, der BRD, Großbritannien, ferner Frankreich hervor. Der erstaunliche industrielle Aufschwung Japans in den letzten 25 Jahren, der es zur drittgrößten Industriemacht der Erde werden ließ, wäre ohne den großen Import billigen Erdöls, vornehm-

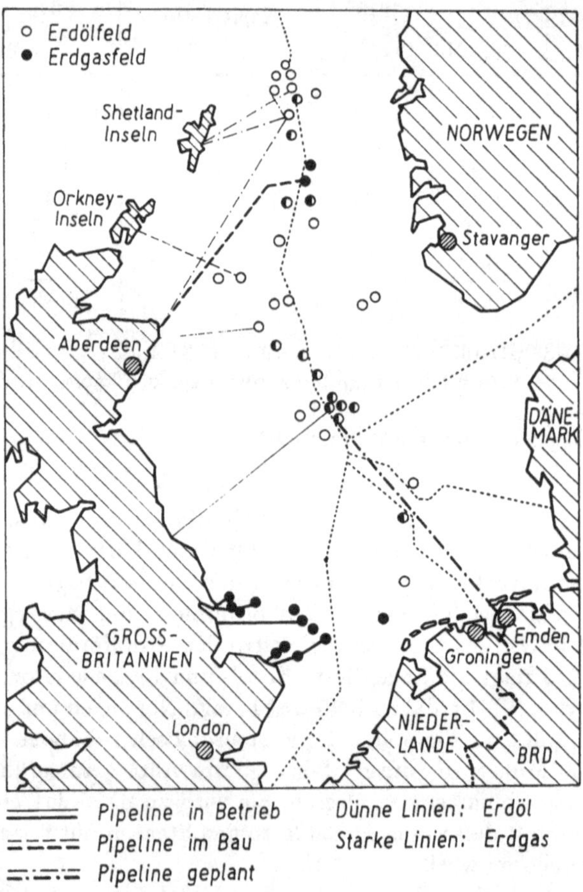

Abb. 5. „Erdölprovinz Nordsee“

lich aus den Ländern um den Persischen Golf, nicht möglich gewesen [10]. Die Lage Japans wurde durch die Restriktionsmaßnahmen der OPEC besonders schwierig, da es 80% seines Energiebedarfes auf Erdölbasis deckte und der japanische Erdölimport mit 280 Mill. t im Jahre 1973 den der USA noch übertraf.

Die Zauberformel, daß der freie Energiemarkt alles im Selbstlauf regeln würde und daß die Politik nichts damit zu tun habe, hat versagt. Die Maßnahmen der OPEC vom Herbst 1973, durch die der Erdölexport an einige kapitalistische Staaten eingeschränkt wurde, haben bei den Politikern der kapitalistischen Länder einen Schock hervorgerufen. Sie haben ihnen gezeigt, daß Ware-Geld-Beziehungen nicht alles sind und daß man mit Ländern, von denen man in energiewirtschaftlicher Hinsicht abhängig ist, in Verständigung und Hilfsbereitschaft leben sollte. Aber die politischen Folgerungen, die die arabischen Völker von der erstmaligen Nutzung der „Erdölwaffe" bezüglich der Lösung des Nahost-Konfliktes erwarteten, traten andererseits nicht ein.

Die Erdölexportländer, die nicht der OPEC angehörten, nutzten die entstehende allgemeine Furcht vor einer Erdölverknappung zu Preiserhöhungen aus [11]. Es lag nahe, daß die OPEC zu dem Schluß kam, daß eine fühlbare Preissteigerung des Erdöls ein stärkerer politischer Einflußfaktor sein würde als die Erdölkontingentierung und gleichzeitig ihren Mitgliedern zugute kommen würde, die durch das Absinken des Dollarwertes ohnehin Einbußen am Kaufwert ihrer Ölerlöse gehabt hatten. So kam es 1974 auf einer Konferenz der OPEC in Wien schließlich zu dem Beschluß der Erhöhung des Rohölpreises auf das Vierfache der bisherigen Werte [9]. Eine unerwartete schlagartige Preissteigerung von ungewöhnlichem Ausmaß! Damit brach die „Ölkrise" im kapitalistischen Teil der Welt in vollem Umfang aus, und es wird die ohnehin herrschende Krise des kapitalistischen Wirtschaftssystems verstärkt, und zwar an einem besonders kritischen Punkt der Wirtschaft, nämlich der Energieversorgung. Berücksichtigt man selbst, daß um 1955 der Erdölpreis um 40% gesunken war, so betrug der neue Erdölpreis nach 1974 immerhin noch das 2,4fache des einstigen Rohölpreises aus der Zeit vor 1955. Der Umsturz der Erdölpreise traf nicht nur die kapitalistischen Industriestaaten, besonders stark Japan, die BRD und die USA, sondern auch jene Entwicklungsländer, deren Energiewirtschaft fast ausschließlich auf dem Import von Erdöl beruhte und für die der erhöhte Devisenaufwand zur Öleinfuhr besonders schmerzlich war. Die Ölpreiserhöhung zog nicht nur eine Erhöhung der Preise für andere Energieträger, wie Erdgas, nach sich, sondern veranlaßte einen Preisauftrieb für viele Rohstoffe des internationalen Handels.

Es war nicht zu verwundern, daß der 9. Welt-Erdöl-Kongreß im Mai 1975 in Tokio unter der Nachwirkung des Schocks durch die Preissteigerung des Erdöls „bei gedämpftem Trommelklang" verlief [12]. Sein Präsident Rossini wies in seiner Eröffnungsrede nachdrücklich darauf hin, daß der verschwenderische Umgang mit dem so lange Zeit recht leicht zu beschaffenden Öl aufhören müsse. Der Zeitraum sei abzusehen, in dem die Quellen versiegen werden. Das Ziel solle es sein, die natürlich vorkommenden Kohlenwasserstoffe ausschließlich als chemische Rohstoffe zu verwenden. Eghbal, der Leiter der Nationalen Iranischen Ölgesellschaft, forderte, Alternativ-Energiequellen aufzusuchen. Für Heizzwecke dürfe nicht mehr der kostbare chemische Rohstoff Öl eingesetzt werden. Man müsse auf die Kohle zurückgreifen. Der Iran werde alles zur Schonung seiner Erdölvorräte tun und bis 1993 etwa 15% der Energiedarbietung auf Kernkraft abstellen. Man werde ferner die Naturgase wieder in die Lagerstätte zurückpumpen. Ist es nicht bezeichnend für die Lage, daß der Vertreter des an 4. Stelle in der Ölförderung der Welt stehenden Landes die Industriestaaten dazu aufruft, der Kohle wiederum ein stärkeres Maß in der Energiebedarfsdeckung zuzumessen?

Der Erdölminister der UdSSR, Sashan, wies auf die Notwendigkeit hin, den Ausbeutefaktor der Öllagerstätten auf ein Höchstmaß zu steigern und die dazu dienenden Methoden zu entwickeln, was in der Sowjetunion mit sichtbarem Erfolg geschehe. Morton, Staatssekretär der USA, erläuterte das amerikanische Energieprogramm, wonach bis 1985 durch Öleinsparung und versärkte Nutzung heimischer Energiequellen die „Verwundbarkeit" der USA durch Ausfall an Importöl auf Null gesenkt werden solle. Einbeziehung des äußeren Kontinental-Shelfs in die Erdölförderung und Erhöhung der Ölausbeute bei den vorhandenen Lagerstätten, Herstellung von synthetischen flüssigen Brennstoffen aus Ölschiefer und Kohle, Umstellung auf direkten Kohleeinsatz in geeigneten Verbrauchsfällen sollen den Ausgleich schaffen. Morton sagte weiter, daß das Zeitalter des Öles schnell seinem Ende entgegengehe. Insgesamt stehe man vor der größten Aufgabe, mit der die Menschheit jemals fertig werden mußte.

Die Vorträge des Welt-Erdöl-Kongresses beschäftigten sich nicht nur mit den Folgerungen aus dem hohen Ölpreis-Niveau und der Sorge, daß die neuen Ölfunde nicht in dem Umfange zunehmen wie der erwartete Verbrauch. Wesentlich war vielmehr auch die Auseinandersetzung, welchen Einfluß der laufende Abbau der Eigentumsrechte der internationalen Mineralölgesellschaften in den erdölexportierenden Ländern durch deren Nationalisierungstendenzen auf die Erdölversorgung haben werde.

Wenn wir nun einen Blick auf die Entwicklung der Erdölförderung der

Welt in der nächsten Zukunft werfen wollen, so ist es zweckmäßig, davon auszugehen, wie man in der Sphäre der kapitalistischen Länder diese Entwicklung vor dem Eintreten der Ölkrise beurteilt oder gewünscht hat. Nach einer aus den Kreisen des Erdölhandels kommenden Studie von 1973 [13] hatte sich der Weltenergiebedarf schon bis Ende 1972 auf 8 Mrd. t SKE erhöht, d. h. sich gegenüber 1960 fast verdoppelt. In dieser Studie der Esso ist ein weiteres Anwachsen des Primärenergiebedarfs der Welt auf 16 Mrd. t SKE bis 1985, also eine nochmalige Verdoppelung, angesetzt. Die Esso-Studie nahm nun an, daß der Anteil des Erdöls von 45% im Jahre 1970 auf 49% in den Jahren 1975 bis 1980 steigen und dann auf 47% im Jahre 1985 fallen wird, d. h., daß in der betrachteten Zeitspanne der Kulminationspunkt des Erdölanteils in der Primärenergiedarbietung liegen wird (Tabelle 3). Der Anteil der festen Brennstoffe wird für 1985 mit 24%, der des Erdgases mit 16%, der der Kernenergie mit 8% und der der Wasserkraft mit 5% erwartet. Hieraus ergibt sich, daß die Erdölförderung, die 1972

Tabelle 3
Prognose der Weltenergiebilanz 1985
(nach Esso-Studie)

	Energieart	Anteil %	10^9 t SKE (bei 16 Mrd. t SKE ≙ 100%)
1	Erdöl	47	7,52*)
2	Kohle	24	3,84
3	Erdgas	16	2,56
4	Kernenergie	8	1,28
5	Wasserkraft	5	0,80

*) entspricht 5,37 Mill. t Erdöl

2,53 Mrd. t betrug, sich auf 5,2—5,4 Mrd. t erhöhen, also mehr als verdoppeln müßte, und daß die Kohleförderung der Welt, die 1972 2,14 Mrd. t SKE an Steinkohle und 0,28 Mrd. t SKE an Braunkohle, zusammen 2,42 Mrd. t SKE ausmachte, sich auf 3,84 Mrd. t SKE, also um 1,42 Mrd. t SKE, d. h. um fast 60% erhöhen müßte. Ist der Wert von 16 Mrd. t SKE für den Primärenergieverbrauch im Jahre 1985 als real anzusehen, so ist also ungeachtet des bis 1985 erwarteten Anstieges des Kernenergieanteils auf 8% die „Durststrecke" der festen Brennstoffe zu Ende. Ihre Förderkurve muß sich schon bis 1985 beachtlich aufsteilen.

Die im Verhältnis zu anderen noch vorliegenden Prognosen aus der Zeit bis 1973 noch relativ maßvolle Esso-Studie ist heute Illusion. Das Wachstum der Erdölförderung bis 1985 dürfte wesentlich hinter ihren Ansätzen zurückbleiben. Im Jahre 1975 ist die Erdölproduktion trotz des Anstieges in der Förderung der UdSSR erstmalig zurückgegangen (von 2,87 auf 2,70 Mio t). Es wäre aber falsch, daraus zu schließen, daß die Erdölförderung schon jetzt die Grenze des Wachstums überschritten habe. Denn es bestehen verschiedene geologische und technische Faktoren, die — selbst wenn die Förderung der OPEC-Länder sich nicht mehr erhöht — eine weitere Steigerung der Erdölförderung unter den nunmehr bestehenden Preisverhältnissen als möglich erscheinen lassen:

1. Es gibt noch Länder, die hinsichtlich der Erdölführung in normalen Lagerstätten nicht genügend erforscht sind. Dies zeigen Erfolge sowjetischer Explorationsberater im Irak, dessen Förderung 1975 dieses Land in die Gruppe der Erdölstaaten mit über 100 Mill. t/a gebracht hat, und in Indien.

2. Die Entwicklung von Methoden für höhere Ölausbeute in vorhandenen Lagerstätten könnte zu erheblichen Fördersteigerungen führen. Man findet Angaben, daß der mittlere Ausbeutefaktor des Erdöls aus den vorhandenen Lagerstätten zur Zeit 50% betrage. Es gibt aber auch Angaben, wonach er in manchen Fällen 33% nicht übersteige.

3. Die Erdölförderung in den Nordpolargebieten der UdSSR, Kanadas und Alaskas kann bei den neuen Erdölpreisen erheblich vergrößert werden. Daß die beträchtlichen humanitären und technischen Schwierigkeiten, die bei Exploration, Aufschluß, Gewinnung und Transport des Erdöls in diesen höchst unwirtlichen Gegenden auftreten, überwunden werden können, haben die Pionierarbeiten der Sowjetunion bei der erfolgreichen Erschließung der Erdölvorkommen nördlich von Tjumen in Westsibirien erwiesen. Auch die USA und Kanada gehen intensiver an die Erschließung der Polarvorkommen heran. Leistungsfähige lange Pipelines großen Durchmessers sind erbaut worden oder in der Entstehung, so von der UdSSR zwischen dem sibirischen und europäischen Teil und von den USA von Nordalaska (Prudhoe-Bay) zur Pazifik-Küste von Südalaska [14].

4. Die Erdölgewinnung aus den Shelf-Gebieten der Kontinente, d. h. den sie umrahmenden Sockeln mit Meerestiefen bis zu 200 m, ist nach weiterer Intensivierung der Exploration wahrscheinlich stark erweiterungsfähig. Die „Offshore-Technik“ als einer der jüngsten Zweige der Technologie der Erdölgewinnung ist in kräftiger Entwicklung zu immer besseren und billigeren technischen Lösungen. Einer der jüngsten Fälle untermeerischer Erd-

ölgewinnung ist der Aufschluß der Vorkommen in der Nordsee, insbesondere durch Norwegen und Großbritannien.

5. Es bestehen Bestrebungen zur Gewinnung von Erdöl in der Nähe des Außenrandes des Shelfs bzw. in Meeresteufen bis 2000 m.

6. Bei günstigen Bedingungen hinsichtlich der Größe der geothermischen Tiefenstufe sind Erdöllagerstätten in größeren Teufen erschließbar. Fallweise ist schon Erdöl aus Teufen von über 7000 m gewonnen worden.

Die Erschließung der unter 2. bis 6. genannten Erdölvorräte wäre unter den bis 1973 herrschenden Preisverhältnissen für das Erdöl meist nicht möglich gewesen. Man kann also sagen, daß auch ohne die Aktionen der OPEC-Staaten über kurz oder lang eine Erhöhung der Erdölpreise fällig geworden wäre, nur später und vielleicht nicht ganz so abrupt und kraß. Man kann ferner aus diesen Betrachtungen auch schließen, daß man sich wenig Hoffnung auf einen späteren erheblichen Rückgang der Erdölpreise machen kann, wenn auch kleinere Abstriche als möglich erscheinen. Die Erhöhung der Explorations-, Aufschluß-, Gewinnungs- und Transportkosten für die zukünftig zu erschließenden Öllagerstätten ist mit wesentlich höheren Gestehungskosten verbunden und fordert damit höhere Erlöse.

Nach diesen Betrachtungen ist an sich eine weitere Erhöhung der jährlichen Erdölförderung bei wesentlich erhöhtem Investierungsaufwand möglich. Insbesondere dürfte dank des Vorsprungs der Sowjetunion in der Nutzung der großen Erdölvorräte der Polarzone und der hier schon laufenden Anstrengungen zur Erhöhung des Ölausbeutefaktors der Lagerstätten schon in der nächsten Zeit eine weitere beachtliche Steigerung der sowjetischen Erdölgewinnung zu erwarten sein. Schon 1975 nahm nicht mehr Nordamerika (USA und Kanada) die zweite Position in der Erdölförderung ein, sondern dieser zweite Rang ging an die sozialistischen Länder (China eingeschlossen) über.

Entspräche es energiewirtschaftlicher Vernunft, die Förderung auf über 5 Mrd. t/a zu steigern, wie es die vor der Ölkrise aufgestellten westlichen Prognosen vorsahen? Eine einigermaßen vertrauenswürdige Schätzung der gewinnbaren Vorräte an fossilen Brennstoffen stammt von Hubbert aus dem Jahr 1970 [15] (Tabelle 4). Sie lautet auf 7600 Mrd. t für Kohle, 360 Mrd. t für Erdöl und auf 285 Bill. m³ für Erdgas. Rechnet man mit den Heizwerten um, so entfallen von den Gesamtvorräten 89,9% auf Kohle, 5,9% auf Erdöl und 4,2% auf Erdgas. Wollte man bis 1985 die Erdölförderung auf 5 Mrd. t/a steigern und diesen Wert als Endwert festhalten, so würde sich über 1985 hinaus noch eine Lebensdauer von 60 Jahren, also bis zum Jahre 2045 ergeben. Dieser Wert würde mit dem Schätzwert von

Tabelle 4
Bilanz der gewinnbaren Vorräte aus festen Brennstoffen, berechnet nach Werten von HUBBERT (1970)

Energieträger	Gewinnbarer Weltvorrat in 10^9 t (Mrd. t)	Gewinnbarer Weltvorrat in 10^{12} m^3 (Bill. m^3)	Wärmeäquivalent für die Einheit
Erdöl	360	—	1 t Öl $\triangleq$ $4 \cdot 10^{10}$ J
Erdgas	—	285	10^3 m^3 Erdgas $\triangleq$ $3{,}6 \cdot 10^{10}$ J
Kohle	7600	—	1 t Kohle $\triangleq$ $2{,}9 \cdot 10^{10}$ J

Energieträger	Energiewert der gewinnbaren Weltvorräte in 10^{21} J	Anteile der Energieträger
Erdöl	14,4	5,9
Erdgas	10,2	4,2
Kohle	220,4	89,9
Summe	245,0	100,0

DARWIN, der 1953 dem Erdöl noch 100 Jahre bis zur Erschöpfung gab [1b], im Einklang stehen.

Werden unsere Nachfahren uns nicht anklagen und beschimpfen, wenn man heute kaltblütig darauf verzichtet, dem wertvollsten Energieträger keine höhere Lebensdauer zuzugestehen, und seien es selbst nur einige Jahrzehnte mehr? Würde man sich z. B. mit einer Steigerung der Erdölförderung auf einen dann festzuhaltenden Endstand von 3,5 Mrd. t in 1985 begnügen, so werden die Erdölvorräte um 2075 zu Ende sein.

Es ist zweifelhaft, ob selbst eine so begrenzte Steigerung der Erdölförderung bis 1985 erreicht wird [16]. Denn der Aufschluß neuer Erdöl-Vorkommen von der oben erwähnten Art nimmt Anlaufzeit in Anspruch. Mit einem zusätzlichen Beitrag der OPEC-Staaten ist nicht zu rechnen. Im Gegenteil ist bei der Mehrzahl von ihnen eine bewußte Reduktion der Förderung festzustellen. Nach Abb. 6 hat Lybien die Förderung vom Maximalwert 162 Mill. t im Jahre 1970 auf 105 Mill. t im Jahre 1973 und nach neuesten Angaben weiter unter 90 Mill. t im Jahre 1975 gesenkt und ist damit aus der Zahl der Staaten mit Förderungen über 100 Mill. t je Jahr ausgeschieden. Kuweit, das mit einer Förderung von 151 Mill. t im Jahre 1972 die 6. Erdölmacht war, hat die Produktion auf 138 Mill. t im Jahre 1973 und weiterhin auf 112 Mill. t im Jahre 1974 und schließlich auf 93 Mill. t im Jahre 1975 vermindert und ist daher ebenfalls aus der Reihe der Erdölstaaten mit Förderungen von über 100 Mill. t ausgetreten. Gleiches gilt für Nigeria, das 1972 eine Förderung von 103 Mill. t erreicht hatte und bis 1975 auf 88 Mill. t zurückgegangen ist. Die beiden größten Erdölmächte

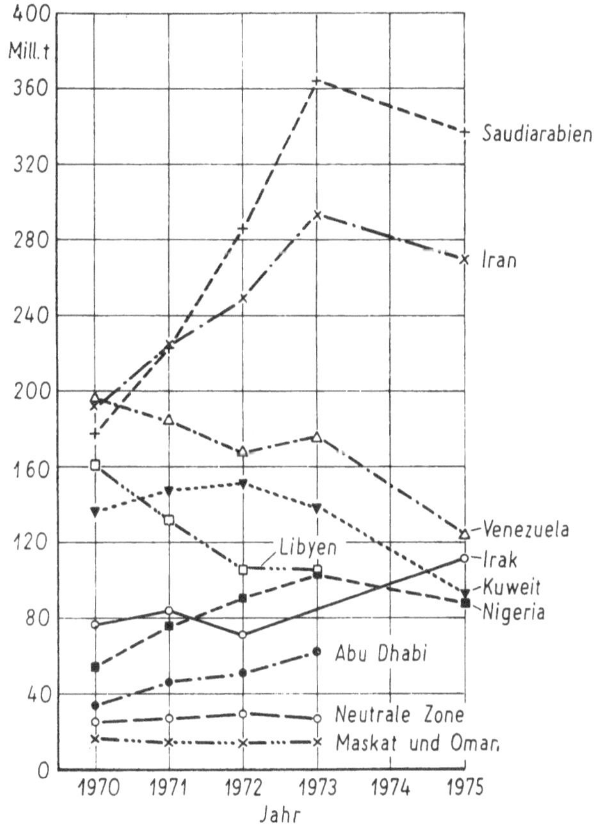

Abb. 6. Förderung von OPEC-Staaten von 1970 bis 1975

der OPEC, Saudiarabien und Iran, haben ihre Erdölgewinnung von 364 bzw. 293 Mill. t im Jahre 1973 auf 337 bzw. 269 Mill. t im Jahre 1975 zurückgenommen. Schließlich hat auch Venezuela seine Erdölförderung von 176 Mill. t im Jahre 1973 auf 124 Mill. t im Jahre 1975 gedrosselt. Lediglich der Irak befand sich noch im Vormarsch von 71 Mill. t im Jahre 1972 auf

111 Mill. t im Jahre 1975 und ist damit in den Rang der Mächte mit Förderungen von über 100 Mill. t/a aufgestiegen. Die Erkenntnis der Notwendigkeit, den Nachfahren im nächsten Jahrhundert nicht nur Wüstensand zu hinterlassen, sondern eine tragfähige Exportindustrie auf anderer Basis als dem „flüssigen Gold" aufzubauen, für deren Energiebedarf aber noch lange heimisches Erdöl verfügbar sein soll, hat sich in den Ländern des Nahen und Mittleren Ostens weitgehend durchgesetzt. Noch lange Zeit werden aber die Nahostländer die größte Förderregion der Welt darstellen, wenn sie auch unter die Produktionsschwelle von 1 Mrd. t Jahresförderung, die sie 1973 erstmalig überschritten hatten, im Jahre 1975 wieder zurückgefallen sind (983 Mio t im Jahre 1975 gegen 1105 Mio t im Jahre 1974) [17].

Die flüssigen Produkte aus fossilen Brennstoffen, die die Weltwirtschaft benötigt, werden gegenwärtig aus dem Erdöl bestritten, von einem relativ geringen Anteil abgesehen, den die Erdgasförderung als Nebenprodukt liefert und der aus dem Teer der Steinkohlenkokereien und Steinkohlengaswerke, aus dem südafrikanischen Sasol-Werk (Druckvergasung und Fischer-Tropsch-Synthese), aus den wenigen verbliebenen Braunkohlenschwelereien der DDR, ihren Braunkohlenkokereien und ihrem Druckvergasungswerk gewonnen wird. Wenn, wie abzusehen, der Weltbedarf an flüssigen Produkten künftig über das hinausgeht, was aus der in energiewirtschaftlich-vernünftigen Grenzen gehaltenen Erdölförderung zu erbringen ist, ist es notwendig, zur Deckung des Defizits den nur für Feuerungszwecke brauchbaren und durch Kohle und Kernenergie substituierbaren Teil des Erdöls, nämlich das Heizöl in Kraftstoffe umzuwandeln und ferner Erdöl-Ersatz-Energiequellen aufzuschließen. In den Industriestaaten Westeuropas hat man sich in den letzten 15 Jahren auf den Bau der billigen „Heizölraffinerien" verlegt, bei denen nur soviel Benzin und Dieselöl gewonnen wird, wie bei der einfachen Destillation anfällt, und der überwiegende Rest des flüssigen Anteils als leichtes und schweres Heizöl verkauft wird. Ein krasses Beispiel für diese Entwicklung bietet die BRD. In den USA war man hingegen schon lange — aus strategischen Erwägungen — bestrebt, das Heizöl möglichst weitgehend auf Kraftstoffe zu verarbeiten. Im Jahre 1967 fielen in den USA nur 0,12 t Heizöl/t Kraftstoff an, in der BRD hingegen über 2 t Heizöl/t Kraftstoff. Der westdeutsche Steinkohlenbergbau hat seiner Zeit, unter dem Druck dieser „Heizölschwemme" stehend, eine Annäherung der Verarbeitungsweise des Rohöls an die amerikanische gefordert [18]. Er fand kein Gehör. In der BRD hat man nunmehr die Errichtung von neuen Heizölkraftwerken verboten. Die Errichtung von Konversionsanlagen für Heizöl wird folgen müssen.

In den USA ist dieser Weg, wie erwähnt, schon weitgehend ausgeschöpft.

Man hat dort Anfang 1974 noch einmal etwa 30 Kraftwerke von Heizöl auf Kohle umgestellt, um das Heizöl für die Verarbeitung auf Kraftstoffe freizumachen [19]. Die USA wollen daher bewußt den Weg der Erschließung von Erdöl-Ersatz-Energiequellen gehen, nämlich flüssige Produkte einerseits aus der Gewinnung und Verarbeitung von Ölschiefern und Teersanden, andererseits synthetisch durch chemische Veredlung von Steinkohle gewinnen, um das Defizit am Bedarf an flüssigen Produkten, das die Erdölverarbeitung ungedeckt läßt, zu decken.

Der Tenor der IX. Weltenergiekonferenz in Detroit im September 1974 zielte klar darauf ab, künftige Forschung und Entwicklung in der Energiewirtschaft der nächsten Zeit vornehmlich auf Kohle und Kernenergie, daneben Ölschiefer und Teersande abzustellen, und zwar die weitere Erschließung von Erdöl auf den noch möglichen Wegen zu betreiben, aber die Erdölvorräte zu schonen, um ihre Lebensdauer zu verlängern [20].

Der Umfang des come back der Steinkohle — für die Feuerungszwecke wie für die chemische Veredlung — wird größer werden, als aus den vor der Ölkrise aufgestellten Prognosen ersichtlich. Förderzahlen von je 1 Mrd. t Steinkohle je Jahr, die sowohl für die UdSSR wie für die USA für das Jahr 2000 angegeben worden sind — neuerdings wird von der gleichen Größenordnung auch für China gesprochen — scheinen heute schon mehr an der unteren als an der oberen Grenze zu liegen. Im übrigen sind die Brennstoffprobleme gegenwärtig in solcher Bewegung, daß man sich an Prognosen für die Zeit bis 2000 leicht die Finger verbrennen kann. Es ist noch undurchsichtig, wie sich die Anteile der Gewinnung von Ölschiefern und Teersanden und ihre Verarbeitung im Verhältnis zum Anteil der chemischen Steinkohlenveredlung an der Deckung des Defizits an flüssigen Produkten gestalten werden. Kosten- und Qualitätsfragen sind für beide Wege noch weitgehend ungeklärt. Es ist weiterhin noch nicht sicher, wie sich auf dem Gebiet der Elektroenergieerzeugung Kernenergie und Kohle im letzten Viertel des Jahrhunderts teilen werden. Dies wird wesentlich von der Entwicklung des Umfanges des Einsatzes des Schnellen Brüters abhängen, gegen den neuerdings unter der Frage: „Eine Welt aus Plutonium?" vor allem von Broda [21] Einwände aus Gründen des Umweltschutzes, der Friedenssicherung in der Welt, der Gefahr, daß sich die kriminellen Elemente lebensdrohend dieses Gebietes bemächtigen, erhoben werden.

Es ist Ihnen wahrscheinlich aufgefallen, daß in diesem Vortrag unser Staat kaum erwähnt wurde. Wir hatten in der Tat keinen Kampf zwischen den Energieträgern Steinkohle und Erdöl. Unser Problem war die Auflockerung der fast monoenergetischen Struktur der Energiewirtschaft auf der Basis der Braunkohle. Es wurde durch die Einfuhr und Verarbeitung sowjetischen Erdöls, und damit weitgehende Einschränkung der chemischen Verarbeitung der Braunkohle, durch Funde von einheimischem, wenn auch heizwertschwachem Erdgas und Import hochwertigen Erdgases aus der UdSSR, durch den Bau der ersten Kernkraftwerke teils gelöst, teils in Angriff genommen. So kam es um 1964 zu einem Stop der steilen Entwicklung der Braunkohlenförderung bei ungefähr 250 Mill. t/a, aber es kam nicht zu einer Rückentwicklung des Braunkohlenbergbaus. Wie im vorigen Jahr auf der vom Ministerium für Kohle und Energie der DDR einberufenen Energiekonferenz in Leipzig klar zum Ausdruck kam, bleibt die Braunkohle unser wichtigster Brennstoff. Falls die Förderung von 250 Mill. t/a festgehalten würde, würde die Braunkohlenförderung um 2045 erlöschen. Wir wären dann ein Land ohne eigenen Besitz von Braun- und Steinkohle. Wenige Jahrzehnte später dürfte auch die Einfuhr von Erdöl zu Ende gehen.

Die Forschung wird sich auf den totalen Umbau der Energiestruktur rechtzeitig einstellen müssen. Für die Elektroenergiegewinnung ist klar, welche Bedeutung der weitgehende Ausbau der Atomkraftwerke und die Einfuhr von Elektroenergie durch die Landesgrenzen überschreitende Leitungen haben wird. Die Einfuhr von Steinkohle aus Polen und der UdSSR in größerem Maßstab wird hinzukommen müssen. Für die chemische Veredlung dürfte eine Zusammenarbeit mit Polen zur Lösung führen.

Manche Chemiker möchten, vom Erdöl verwöhnt, freilich nicht gern in den Schoß der Kohle zurückkehren, sondern auf sich stetig erneuernde Quellen für Kohlenstoff übergehen. In den USA hat man neulich errechnet, daß man durch Züchtung von Wasserpflanzen auf 5% der Fläche des Landes den Rohstoff für den ganzen gegenwärtigen Gasbedarf der Vereinigten Staaten Amerika, die 1973 allein 643 Mrd. m^3 Erdgas, abgesehen von Kokereigas, verbrauchten, gewinnen könnte. Es wäre also vielleicht nicht ausgeschlossen, daß dereinst die Biotechnik ein neues Arbeitsgebiet in der Energiewirtschaft fände. Ich kann zu den Jüngeren unter meinen Lesern nur sagen: Qui vivra, verra.

Der Rückblick auf die letzten 25 Jahre hat gezeigt, daß sie eine bewegte Zeit mit dramatischen Akzenten in der Energiewirtschaft, soweit die fossilen Brennstoffe in Frage kommen, waren. Der Edelenergieträger Erdöl hat die Vorherrschaft über den historisch ehrwürdigen Energieträger Kohle im Weltmaßstab errungen. Kaum hatte diese Prädominanz 10 Jahre gedauert, als Krisenerscheinungen ausbrachen, die zu erheblicher Verteuerung der Erdölenergie und auch anderer Energiequellen führten. Es wurde klar, daß die Natur dem Energieträger Erdöl sehr wertvolle Eigenschaften verliehen hat, leider aber nicht die eines langen Lebens. Das Erdöl wird seine Vorherrschaft noch einige Zeit behalten können, aber die Deckung des weiteren

Zuwachses des Primärenergiebedarfes in immer mehr steigendem Anteil und bald ganz den Energieträgern Kernenergie und Kohle sowie neuen bislang noch kaum eingesetzten Energieträgern, nämlich Ölschiefern und Teersanden, überlassen müssen, falls man eine energiewirtschaftlich-vernünftige Wachstumsgrenze der Erdölförderung einhält. Die nächsten 25 Jahre werden die Lösung großer Aufgaben in der Brennstoff- und Energiewirtschaft verlangen.

Wir haben gesehen, daß Energie beachtlich teurer geworden ist. Sparsame Energie- und Wärmewirtschaft werden in Zukunft wichtiger denn je sein.

LITERATUR

[1] DARWIN, CH. G.: Die nächste Million Jahre – Ein Ausblick auf die künftige Entwicklung der Menschheit. Deutsche Übersetzung: Vieweg & Sohn, Braunschweig 1953.

[1a] siehe [1], S. 36/37.

[1b] siehe [1], S. 46.

[2] FORRESTER, I. W.: Der teuflische Regelkreis. Das Globalmodell der Menschheitskrise. 1971. In Deutsch herausgegeben von E. PESTEL und H.-D. HECK, Deutsche Verlagsanstalt G.m.b.H. Stuttgart 1972.

[3] MELNIKOV, N. V. und WOLFBERG, D. B.: Die Energieressourcen der Welt. Übersetzung aus dem Russischen von K. H. KNAPP. Energiewesen, H. 72 (1975) S. 3 bis 12.

[4] ARNOLD, O.: Rohstoff Uran. BWK **27** (1975) S. 239–244.

[5] Die polnische Energiewirtschaft. Brennst.-Wärme-Kraft **27** (1975) S. 76.

[6] HOFMANN, K. und RAMMLER, E.: Zur Zukunft der festen Brennstoffe. Bergbautechnik **16** (1966) S. 621–624.

[7] SCHNEIDER, H. K., SCHMITT, D. und FLUGE, W.: Die Energiekrise in den USA. Aktuelle Fragen der Energiewirtschaft (Verlag R. Oldenbourg), H. 6 (1974) 94 S.

[8] Erdöl-Informationen (Shell Austria AG., Wien) **7** (1976) H. 1, S. 1 u. 5.

[9] Erdöl-Informationen (Shell Austria AG., Wien) **6** (1975) H. 5, S. 1.

[10] MIGAMON, K.: Übersichtsvortrag über die Erdölindustrie Japans in der Eröffnungssitzung des Welt-Erdöl-Kongresses in Tokio. Erdöl und Kohle **28** (1975) S. 307.

[11] KEGEL, G. H.: Die Ölwaffe verschärft die kapitalistische Energiekrise. Berliner Zeitung Nr. 309, S. 5 v. 3. 11. 73

[12] ZAEPKE, O. und RISTAPAL, K.: Welt-Erdöl-Kongreß Tokio. Erdöl und Kohle **28** (1975) S. 305–308.

[13] Esso AG., Studie „Gegenwärtige und zukünftige Probleme der Energieversorgung", 1973; siehe auch BWK **25** (1973) S. 266.

[14] RACHEW, K.: Pipeline durch „Oslaska". Wochenpost Nr. 9 (1976) S. 26.

[15] HUBBERT, M. K.: Energyressources for Power Production. Jana Converence Paper, S. 4–146, 1. Aug. 1970.

[16] Gleichwohl gibt es auch heute noch Optimisten, die vermuten, daß schon 1980 das Förderpotential die Nachfrage nach Öl bei weitem übertreffen werde. Der Scottish Council schätzt die Öl- und Gasförderkapazitäten der Welt für 1980 auf

6,2 Mrd. t im Jahr, während die weltweite Nachfrage nach Öl und Gas nur 4,7 Mrd. t betragen dürfte. Es werde daher bis 1980 zu heftigen Preiskämpfen kommen. (Erdöl-Informationen **7** (1976) H. 2 (Februar), S. 8).

[17] Erdöl-Informationen (Shell Austria AG., Wien) **7** (1976) H. 2 (Februar), S. 1 u. 3.

[18] RAMMLER, E.: Gegenwärtige und zukünftige Bedeutung der festen Brennstoffe. Vortrag in der Fakultät für Technische Wissenschaften der Bergakademie Freiberg am 13. 12. 1973. (Nicht veröffentlicht).

[19] SMIRNOV, V. I.: Die Ölkrise in Westeuropa, Japan und den USA. Energomasonistroenie, Leningrad, **20** (1974) H. 6 S. 46–47.

[20] SCHAEFER, H.: IX. Weltkraftkonferenz in Detroit. Brennst.-Wärme-Kraft **27** (1975) S. 79–81.

[21] BRODA, E.: Eine Welt aus Plutonium? Naturwiss. Rundschau **28** (1975) H. 7, S. 233–239.

SITZUNGSBERICHTE DER SÄCHSISCHEN AKADEMIE DER WISSENSCHAFTEN ZU LEIPZIG

MATHEMATISCH-NATURWISSENSCHAFTLICHE KLASSE

Band 107

Heft 1 Prof. Dr. OTT-HEINRICH KELLER, Die Homologiegruppen der Flächen 3. Ordnung
1965. 15 Seiten — 8° — M 2,30

Heft 2 Prof. Dr. FRANZ RUNGE, Grignard und die nach ihm benannte Synthese
1966. 17 Seiten — 3 Abbildungen — 8° — M 2,30

Heft 3 Prof. Dr. KARL SCHMALFUSS, Zur Kenntnis der Bodenbildung
1966. 13 Seiten — 4 Tabellen — 8° — M 1,40

Heft 4 Dr. BODO RENSCHUCH, Verallgemeinerungen des Bezoutschen Satzes
1966. 41 Seiten — 8° — M 4,50

Heft 5 Prof. Dr. med. ROLF EMMRICH, Realität und Theorie des Alterns
1966. 20 Seiten — 9 Abbildungen — 8° — M 2,60

Heft 6 Prof. Dr. WILHELM MAIER, Nichteuklidische Volumina
1967. 20 Seiten — 16 Abbildungen — 8° — M 2,80

Heft 7 Dr. LOTHAR VON WOLFERSDORF, Zur Berechnung optimaler Strategien für Spiele über dem Einheitsquadrat mit an der Hauptdiagonalen unstetigen Auszahlungsfunktionen
1968. 53 Seiten — 8° — M 5,70

Band 108

Heft 1 Prof. Dr. PAUL GÖRLICH / Dipl. Phys. DETLEF GÜLDNER / Dr. HANS-JOACHIM POHL, „Elektronische Spektralmessung“ mit steuerbaren Photovervielfachern
1967. 12 Seiten — 9 Abbildungen — 1 Tabelle — 8° — M 2,10

Heft 2 Prof. Dr. MANFRED GERSCH, Neuroendokrinologie der Insekten
1968. 33 Seiten — 12 Abbildungen — 1 Kunstdrucktafel — 8° — M 4,—

Heft 3 Prof. Dr. HASSO ESSBACH, Die Bedeutung der Morphologie in der Heilkunde
1968. 16 Seiten — 1 Textabb. — 13 Abb. auf 8 Kunstdrucktaf., davon 11 vierfarbig — 8° — M 12,80

Heft 4 Prof. Dr. OTT-HEINRICH KELLER, Über eine Definition von S. Lefschetz in der topologischen Schnittheorie 1969. 29 Seiten — 1 Abb. — 8° — M 4,20

Heft 5 Prof. Dr. WOLFGANG TUTSCHKE, Das Reziprozitätstheorem für eine Klasse pseudoholomorpher Funktionen mehrerer komplexer Variabler 1969. 19 Seiten — 8° — M 3,30

Heft 6 Prof. Dr. WALTER BREDNOW, Von Lavater zu Darwin
1969. 31 Seiten — 14 Abbildungen im Anhang — 8° — M 5,50

Heft 7 Prof. Dr. FRANZ RUNGE, Organische Disulfimide in Wissenschaft und Technik
1970. 24 Seiten — 2 Abbildungen — 8° — M 3,60

Band 109

Heft 1 Prof. Dr. ERICH RAMMLER, Über die Theorien der Braunkohlenbrikettentstehung
1970. 38 Seiten — 13 Abb., davon 2 auf 2 Tafeln — 8° — M 4,—

Heft 2 Prof. Dr. WOLFGANG TUTSCHKE, Stammfunktionen komplexwertiger Funktionen
1970. 20 Seiten — 8° — M 3,70

Heft 3 Dr. habil. GÜNTHER EISENREICH, Zur Syzygientheorie und Theorie des inversen Systems perfekter Ideale und Vektormodule in Polynomringen und Stellenringen
1970. 88 Seiten — 8° — M 10,80

Heft 4 Prof. Dr. med. ROLF EMMRICH, Hochdruck und Hyperlipidämie (Hypercholesterinämie) als Risikofaktoren für die Entstehung der Arteriosklerosen
1971. 23 Seiten — 10 Abbildungen — 4 Tabellen — 8° — M 3,90

Heft 5 Prof. Dr. HANS DRISCHEL, Biologische Rhythmen
1972. 57 Seiten — 31 Abbildungen — 1 Tabelle — 8° — M 6,60 (*vergriffen*)

Heft 6 Prof. Dr.-Ing. Dr. h. c. KURT SCHWABE, Konzentrierte Elektrolytlösungen — Thermodynamische und kinetische Eigenschaften
1972. 49 Seiten — 27 Abbildungen — 2 Tabellen — 8° — M 7,50

Heft 7 Prof. Dr. WOLFGANG TUTSCHKE, Konstruktion von globalen Lösungen mit vorgeschriebenen Singularitäten bei partiellen komplexen Differentialgleichungssystemen
1972. 24 Seiten — 8° — M 4,50

Band 110

Heft 1 Prof. Dr. Dr. h. c. Paul Görlich, Über die Laser und ihre Anwendung
1972. 24 Seiten – 8° – M 2,30 (*vergriffen*)

Heft 2 Prof. Dr. Hasso Essbach, Zum Problem der Tumoren im Kindesalter
1972. 24 Seiten – 11 Abbildungen auf 10 Kunstdrucktafeln – 8° – M 6,–

Heft 3 Prof. Dr. med. Walter Brednow, Zur Anthropologie des Schwindels
1973. 17 Seiten – 2 Abbildungen auf 2 Kunstdrucktafeln – 8° – M 2,50

Heft 4 Prof. Dr. Dr. h. c. Paul Görlich, Betrachtungen über den Wissenschaftlichen Gerätebau
1972. 39 Seiten – 8° – M 3,–

Heft 5 Prof. Dr. Erich Rammler, Einige Betrachtungen über Erdgas
1974. 43 Seiten – 8 Abbildungen – 3 Tabellen – 8° – M 4,50

Heft 6 Prof. Dr. Gustav E. R. Schulze, Zur Rolle des Einfachheitsprinzips im physikalischen Weltbild
1974. 23 Seiten – 4 Abbildungen – 8° – M 2,50

Heft 7 Prof. Dr. med. Rolf Emmrich, Zwischen Leben und Tod. Ärztliche Probleme der Thanatologie
1974. 22 Seiten – 2 Abbildungen – 4 Tabellen – 8° – M 3,50

Band 111

Heft 1 Prof. Dr. Wilhelm Maier, Vom Erbe Bernhard Riemanns 1975. 16 Seiten – 8° – M 2,50

Heft 2 Prof. Dr. med. Hans Drischel, Organismus und geophysikalische Umwelt
1975. 50 Seiten – 25 Abbildungen – 1 Tabelle – 8° – M 7,–

Heft 3 Prof. Dr. Maria Hasse, Zum Begriff des allgemeinen Produkts von Kategorien
1975. 32 Seiten – 8° – M 5,–

Heft 4 Prof. Dr.-Ing. Dr. h. c. Kurt Schwabe. Analytische Probleme des Umweltschutzes
1975. 28 Seiten – 9 Abbildungen – 2 Tabellen – 8° – M 3,50

Heft 5 Prof. Dr. Wolfgang Buchheim, Die kopernikanische Wende und die Gravitation
1975. 36 Seiten – 2 Farbtafeln – 8° – M 5,–

Heft 6 Prof. Dr. Hermann Berg, Photopolarographie und Photodynamie
1975. 19 Seiten – 2 Abbildungen – 2 Tabellen – 8° – M 3,–

Heft 7 Prof. Dr. Manfred Gersch, Probleme der Insektizide aus heutiger Sicht
1975. 36 Seiten – 9 Abbildungen – 2 Tabellen – 8° – M 4,–

Band 112

Heft 1 Prof. Dr. Walter Brednow, Spiegel, Doppelspiegel und Spiegelungen – eine „wunderliche Symbolik" Goethes 1975. 28 Seiten – 4 Abbildungen – 8° – M 3,–

Heft 2 Prof. Dr. Artur Lösche, Über negative absolute Temperaturen
1976. 26 Seiten – 12 Abbildungen – 8° – M 4,–

Heft 3 Prof. Dr. med. Herbert Jordan, Kurorttherapie: Prinzip und Probleme
1976. 31 Seiten – 10 Abbildungen – 8° – M 4,50

Heft 4 Prof. Dr. Friedrich Wolf / Dr. Peter Fröhlich, Zur Druckabhängigkeit von Ionenaustauschreaktionen 1977. 13 Seiten – 6 Abbildungen – 1 Tabelle – 8° – M 2,–

Heft 5 Prof. Dr. Dietrich Uhlmann, Möglichkeiten und Grenzen einer Regenerierung geschädigter Ökosysteme (*In Vorbereitung*)

Heft 6 Prof. Dr. Erich Rammler, Zwei Jahrzehnte Entwicklung des Einsatzes der Energieträger Kohle und Erdöl im Weltmaßstab (*Vorliegendes Heft*)

Heft 7 Prof. Dr. Ulrich Freimuth, Umweltprobleme in der Ernährung (*In Vorbereitung*)

Band 113

Heft 1 Prof. Dr. Erich Lange, Allgemeingültige Veranschaulichung des II. Hauptsatzes
(*In Vorbereitung*)

Einzel- oder Fortsetzungsbestellungen durch eine Buchhandlung erbeten

Sitzungsberichte bis Band 106
durch das Zentralantiquariat der Deutschen Demokratischen Republik, Leipzig,
ab Band 107 durch den Akademie-Verlag, Berlin, zum Teil noch lieferbar

AKADEMIE-VERLAG
DDR-108 Berlin, Leipziger Str. 3–4

FSC
www.fsc.org
MIX
Papier | Fördert gute Waldnutzung
FSC® C083411

Zeitfracht Medien GmbH
Ferdinand-Jühlke-Straße 7
99095 Erfurt, Deutschland
produktsicherheit@kolibri360.de